SUR

L'URÉTHROTOMIE INTERNE

SUR

L'URÉTHROTOMIE INTERNE

PAR

A.-M. BARBOSA

MEMBRE TITULAIRE DE L'ACADÉMIE DE MÉDECINE DE LISBONNE,

CHIRURGIEN HONORAIRE DE S. M. T. F.,

PROFESSEUR A L'ÉCOLE DE MÉDECINE ET CHIRURGIEN DE L'HOPITAL ROYAL DE SAINT-JOSEPH, ETC.

———

TRADUCTION FRANÇAISE

Par le Docteur E.-L. BERTHERAND

Directeur-gérant de la *Gazette médicale de l'Algérie*,

Chevalier de la Légion-d'Honneur, Commandeur de l'Ordre du Christ de Portugal, etc.

———

ALGER

IMPRIMERIE DE L'ASSOCIATION OUVRIÈRE, V. AILLAUD ET COMPAGNIE
Rue des Trois-Couleurs, 19.

1874

Ayant, en 1864, pratiqué l'uréthrotomie interne dans un cas de rétrécissement fibreux de l'urèthre, opération tentée alors pour la première fois parmi nous par un chirurgien portugais, j'ai cru devoir appeler sur cette méthode curative l'attention de mes confrères nationaux : en effet, elle me paraît constituer une opération importante et très-utile quand elle est exécutée par le procédé que j'ai suivi, et rendre ainsi service à l'humanité dans une maladie si fréquente, si incommode et parfois si dangereuse que celle qui a motivé les indications de cette intervention chirurgicale.

A Lisbonne, et l'on peut dire, en Portugal, les rétrécissements uréthraux étaient, à cette époque, exclusivement traités par la dilatation. Les méthodes de cautérisation de Ducamp et de Lallemand, celle des scarifications d'Amussat, Leroy d'Etiolles et autres, après avoir été employées quelquefois à Lisbonne, furent reconnues comme insuffisantes et ayant l'inconvénient, ordinairement consécutif, sinon constamment, de former un tissu inodulaire qui, au lieu de diminuer, augmentait la coarctation, au point d'obliger à en renouveler l'application. La méthode d'uréthrotomie proprement dite, tant externe, comme la pratique Syme, qu'interne comme celle que nous venons d'exécuter, n'avait jamais été appliquée, tout au moins à Lisbonne.

En ce qui me concerne, je n'avais pas non plus suivi d'autre méthode, n'ayant jamais rencontré, dans toute ma pratique civile et hospitalière, un cas de rétrécissement uréthral, sans ou avec fistules urinaires, dans lequel je ne puisse tôt ou tard arriver à placer une sonde fine et obtenir par la suite une dilatation régulière et suffisante du canal, bien qu'avec plus ou moins de difficulté.

Pour les premières tentatives j'employais des bougies élastiques fines, coniques ou à extrémité olivaire, ou des algalies en argent très-déliées, lorsqu'avec les premières dont la résistance était trop faible, je n'avais pu arriver à la vessie; puis, dès que la dilatation du rétrécissement le permettait, je continuais ce traitement dilatateur avec des sondes d'étain. L'instrument était conservé dans l'urèthre 15 à 50 minutes à chaque séance, et introduit tous les jours quand il ne survenait pas d'accidents, tels que, en particulier, l'inflammation ou la fièvre uréthrale, pendant lesquels on suspendait l'emploi des sondes. Quand la dilatation était arrivée à son *maximum*, on apprenait aux malades la manière de s'introduire eux-mêmes, soit une sonde d'étain n° 38 ou 40, rarement 42, soit une bougie de gomme élastique de même grosseur, avec recommandation de renouveler le cathétérisme à intervalles progressivement plus grands, mais jamais supérieurs à trente jours.

Lorsqu'en 1856 eut lieu le concours pour le professorat à l'École médico-chirurgicale de Lisbonne, dans ma dissertation qui roulait sur la question suivante : *Traitements des rétrécissements organiques de l'urèthre ; quel est le préférable ?* J'avais encore défendu le traitement par la dilatation progressive, ainsi qu'on le peut voir par la première des propositions qui terminaient cet opuscule, à savoir : « le traitement des rétrécissements organiques de l'urèthre par la dilatation progressive est le plus convenable dans l'état actuel de la science, comme méthode générale, le praticien recourant à divers moyens dont dispose cette méthode dans ses rapports avec l'étendue, la durée et la nature particulière de la maladie. »

Cependant, par cette méthode, par la dilatation, les rétrécissements uréthraux, quand ils sont organiques et élastiques, ne se guérissent pas radicalement et se reproduisent presque toujours si les malades négligent de répéter l'introduction des sondes ainsi qu'elle leur avait été prescrite. Très-souvent, il y a, ensuite, à traiter de nouveau par la dilatation les mêmes malades pour des rétrécissements dans un état égal ou pire au premier.

Ces résultats que j'avais déjà constatés, l'étaient également par mes collègues, et cependant on n'avait rien changé à la méthode opératoire.

Diverses raisons concourent à ce *statu quo*. En premier lieu, parce que si l'on arrive à dilater les rétrécissements, par une assiduité longue et importune pour les malades et que cependant on ne les guérisse pas radicalement, c'est là une règle considérée comme exempte de danger. En second lieu, parce que, dans les diverses méthodes d'uréthrotomie interne les plus recommandables et appartenant aux premiers spécialistes, il est indiqué de dilater tout d'abord les rétrécissements afin de pouvoir ensuite pratiquer les incisions respectives avec de volumineux uréthrotomes qui opèrent d'arrière en avant, comme il se fait, par exemple, avec les instruments de Guillon et de Reybard ; et, quand on est arrivé à obtenir cette dilatation, souvent au prix de longues semaines de travail et de patience de la part du chirurgien et du malade, on ne trouve pas qu'il vaille la peine de procéder encore à des incisions uréthrales qui ne sont pas toujours exemptes de dangers et parfois même de suites funestes, tantôt par hémorrhagie, tantôt par phlébite, ainsi qu'il est arrivé plus d'une fois aux patients opérés par le procédé de Reybard qu'en 1852 l'Académie de médecine de Paris récompensait du prix de 12,000 fr. du marquis d'Argenteuil ! En troisième lieu, quelques-uns, sinon la totalité, des malades de Lisbonne, opérés à Paris par Guillon, sont obligés de continuer l'introduction des sondes, tout comme ceux simplement traités par la dilatation, dans le but de conserver à l'urèthre son calibre convenable ; et, quand ils ne le font pas, la reproduction de la maladie en est la conséquence.

Pour les raisons principales qui ont été exposées, nous n'étions cependant pas étonné que les opérateurs portugais préférassent la méthode de dilatation dans le traitement des coarctations organiques de l'urèthre, d'autant plus qu'à Paris, où l'uréthrotomie compte le plus de défenseurs, et où elle est le plus en vogue, des spécialistes fort distingués, Ségalas et Philips entre autres, des chirurgiens du mérite de Nélaton, Michon, etc., n'emploient ni ne recommandent autrement la dilatation que comme méthode générale dans le traitement des rétrécissements organiques de l'urèthre.

Mais actuellement, avec les nouveaux instruments de Maisonneuve, les circonstances sont toutes différentes. En effet, avec ces ingénieux instruments, il n'est pas nécessaire de faire une dilatation préliminaire des rétrécissements avant de procéder à leur section, et ainsi on ne perd pas un temps précieux à ce travail préparatoire, souvent bien long et bien difficile. L'incision est faite d'avant en arrière, sans risque de blesser les autres points de l'urèthre qui ne sont pas le siége du rétrécissement, et ainsi sans les dangers auxquels exposaient quelques-uns des procédés antérieurs de la même méthode.

Une courte description de ces instruments aidera à l'intelligence du mode opératoire.

Trois instruments composent l'appareil de Maisonneuve. Une bougie de gomme élastique très-fine et flexible, afin de pouvoir traverser les rétrécissements même les plus prononcés, et se placer facilement dans la cavité vésicale. Cette bougie est filiforme à sa pointe ou extrémité interne, et dans le reste de son étendue n'excède pas deux millimètres d'épaisseur. Les bougies conductrices de 1, 1/2 et 2 millimètres de grosseur, servent dans les rétrécissements de tous les calibres. A leur extrémité externe est articulé et bien fixé un petit cylindre métallique long d'un centimètre, un peu plus gros que la bougie à laquelle il est annexé, creux et cannelé en spirale à sa face interne. Dans la première opération d'uréthrotomie faite par Sédillot, suivant le procédé de Maisonneuve, la bougie se sépara du cylindre métallique et tomba dans la vessie ; aussi cet opérateur distingué fut amené à donner plus de solidité et de sûreté aux deux pièces de l'instrument au moyen d'une petite cheville ou clou métallique qui les traverse en même temps. Tenant pour suffisant ce moyen de précaution, je l'ai fait adapter à mes instruments qui, fabriqués à Paris par Robert et Collin, ne le présentaient pas encore. Cette bougie est appelée *conducteur*, parce qu'après avoir été amenée jusqu'à la vessie, elle sert à *conduire* le cathéter jusqu'au delà des rétrécissements.

Le second instrument est un cathéter en acier, avec sillon ou gouttière dans la concavité, mince, de grosseur variant entre 2 et 5 millimètres suivant les cas variés, l'extrémité interne ou pointe armée d'une vis pour s'articuler avec le petit cylindre de l'extrémité externe de la bougie conductrice, dès que celle-ci a dépassé le rétrécissement et pénétré dans la vessie. A l'extrémité externe, il y a, en correspondance à la convexité, deux anneaux qui servent d'attache à l'instrument. Cette partie de l'appareil mérite le nom de *cathéter conducteur*, parce que quand son extrémité interne a atteint le col de la vessie, après avoir dépassé les rétrécissements, elle est destinée à guider l'uréthrotome. Il y a de ces instruments munis du sillon dans la convexité, pour le cas où il convient de faire l'incision inférieure, qui est, certainement, la plus convenable.

Le troisième instrument, l'*uréthrotome*, est constitué par une tige d'acier, étroite, de forme proportionnée à la rainure du cathéter dans laquelle elle doit se mouvoir avec facilité, et par une petite lance faisant suite à son extrémité interne. Cette lance est une lame d'acier à pointe aigüe, de forme triangulaire, longue de 17 à 22 millimètres, de 7 à 9 millimètres dans sa plus grande largeur, avec un bord tranchant dans une étendue de 10 à 15 millimètres, depuis la pointe jusqu'à la base où elle est obtuse et plus large pour ne pas léser les parties saines de l'urèthre qu'elle dilate. Le bord opposé au tranchant et à peu de distance de la pointe, présente une arête destinée à maintenir cette partie de l'uréthrotome dans la rainure du cathéter et à l'empêcher d'en sortir. A l'extrémité opposée ou externe de l'uréthrotome, il existe un petit manche en métal armé d'un bouton, à pourtour crénelé, par lequel il se fixe dans l'instrument et s'y peut mouvoir dans toute l'étendue de la rainure du cathéter conducteur.

Certains uréthrotomes ont une lame de forme plutôt lancéolaire et tranchante des deux bords afin de faire des incisions latérales; ils sont construits aussi ingénieusement que les premiers et avec les mêmes variétés de largeur.

C'est avec cette troisième partie de l'appareil instrumental de Maisonneuve que s'incisent les rétrécissements en la faisant courir rapidement dans la gouttière du cathéter après l'avoir convenablement placée et assujettie.

Après avoir réfléchi au mode d'action de ces nouveaux instruments que je possédais déjà depuis assez longtemps, et après avoir assisté à une opération pratiquée avec eux, par M. Déclat, sur le nommé Fr. Ch..., je me décidai à les apprécier dans ma propre clientèle, et je choisis, à cet effet, un malade atteint de rétrécissement fibreux considérable, me proposant de faire non pas seulement une incision supérieure, comme M. Déclat l'avait fait et ce qui me paraissait insuffisant dans beaucoup de cas, mais bien trois incisions, une supérieure et deux latérales, et aussi de ne pas maintenir dans l'urèthre une bougie en contact avec les incisions, selon encore la pratique de M. Déclat, contrairement au conseil de Maisonneuve lui-même et à la pratique éclairée de Sédillot.

L'opération, à laquelle je fais allusion, fut pratiquée dans l'amphithéâtre des cliniques de l'Ecole médico-chirurgicale le 10 octobre 1864, en présence des nombreux professeurs et collègues de l'hôpital, ainsi que des élèves de 4me et 5me année.

Le malade, José-Maria R.... da S...., âgé de 40 ans, était entré pour la seconde fois à la salle Saint-Antoine que je dirige à l'hôpital de Saint-Joseph, pour se faire soigner d'un rétrécissement organique de l'urèthre, consécutif à d'anciennes blennorrhagies. Dès sa première entrée, il avait, au bout d'un mois environ, obtenu une amélioration par l'emploi de la dilatation progressive, au point que le malade introduisait lui-même une grosse sonde d'étain du n° 38. Malheureusement une fois sorti de l'hôpital, il n'avait pas pu continuer à utiliser l'instrument dilatateur comme on le lui avait recommandé: après quelques mois il fut obligé de revenir dans la même salle, le 20 septembre dernier.

Cette fois le malade urine avec beaucoup de difficultés, par intervalles d'une heure ou un peu plus, la miction étant accompagnée d'un ténesme vésical des plus incommodes. Dans la nuit il urine 5 ou 6 fois, et entre le jour et la nuit plus de 20 fois, rarement moins. Parfois l'urine sort goutte à goutte, tombant perpendiculairement ; d'autres fois, en un jet très-mince, toujours bifurqué ou tordu. Il y a un petit écoulement uréthral muco-puriforme. L'urine est, en outre, sédimenteuse.

Procédant au cathétérisme avec une sonde d'étain n° 26, nous n'arrivons pas à franchir le rétrécissement dont le siége est à la partie postérieure de la portion membraneuse, à 14 centimètres du méat urinaire. Une bougie élastique de 3 millimètres de grosseur, deux fois introduite à des jours différents, n'a pu également traverser le rétrécissement.

Je me résolus alors à l'opérer par l'uréthrotomie interne, à l'aide des ingénieux instruments et suivant le procédé récent de Maisonneuve, comme je l'avais vu exécuter quelques semaines auparavant par M. Déclat, mais en pratiquant trois incisions au lieu d'une seule qu'a l'habitude de faire cet habile chirurgien.

Avant de procéder à l'opération, le malade étant couché sur le dos avec les jambes reployées, je commençai par tenter l'introduction d'une sonde élastique de 2 millimètres 1/2, mais il fut impossible de lui faire franchir le rétrécissement. Je reconnus ainsi la profondeur de ce dernier et son degré de constriction ; je procédai alors à l'introduction de la bougie conductrice qui mesure 1 millimètre 1/2 dans sa plus forte grosseur ; elle traversa le rétrécissement avec une certaine facilité.

Je vissai ensuite l'extrémité externe de la bougie après la pointe du cathéter cannelé en spirale, lequel a 2 millimètres 1/2 de volume, et je le conduisis jusqu'au rétrécissement : mais le volume relativement considérable de ces instruments ne permit pas de franchir convenablement tout le trajet de la coarctation. En conséquence je le retirai pour lui en substituer un plus mince, de 2 millimètres et j'arrivai alors à passer facilement au delà du rétrécissement.

Immédiatement après, je portai dans le sillon de la courbe du cathéter-conducteur un uréthrotome simple, de 7 millimètres dans sa plus grande largeur, et qui, en passant dans le rétrécissement, l'incisa dans sa partie supérieure. Puis, retirant cet uréthrotome, j'introduisis à sa place un uréthrotome deux fois plus large (de 7 millim.) dans son plus grand diamètre, et je fis de la même manière deux incisions latérales.

Je retirai alors ce dernier instrument et consécutivement le cathéter avec la sonde articulée à son extrémité vésicale.

Après chaque incision, et aussi après le retrait des instruments, il coula par l'urèthre quelques gouttes de sang.

Pour démontrer péremptoirement que l'urèthre était convenablement dilaté, j'introduisis, immédiatement après l'opération, une sonde de gomme élastique, assez volumineuse de 7 millimètres d'épaisseur et à extrémité olivaire, et tous les assistants la virent passer jusqu'à la vessie avec la plus grande facilité; puis je la retirai.

L'opéré, très-satisfait de ce que l'opération avait été beaucoup moins douloureuse qu'il ne le supposait, s'en alla de lui-même, à pied, de l'amphithéâtre à son lit de la salle Saint-Antoine.

Dans les premières vingt-quatre heures, les intervalles de la miction furent d'une à deux heures; le jet de l'urine, gros, régulier et lancé à distance, accompagné d'une sensation de brûlure dans les joints des incisions. L'urine ensanglantée dès le principe devint peu à peu de moins en moins colorée. Au commencement de la nuit le malade éprouva quelques frissons suivis de fièvre, cessant à la pointe du jour quand apparaissait une légère transpiration.

Le matin du jour qui suivit l'opération, l'urine commença à être claire et exempte de toute trace de sang : le malade ne ressentait déjà plus aucune ardeur dans l'acte de la miction ; l'urèthre ne présentait pas le moindre engorgement, la moindre sensibilité à la pression, le moindre indice d'infiltration sanguine ou urineuse; le pouls, cependant, était encore un peu vif.

Les jours suivants, l'opéré continua à se trouver bien : la fréquence du pouls cessa, l'accès fébrile ne reparut plus. Le jet d'urine restait volumineux et projeté à distance avec facilité et sans ténesme, sans la moindre incommodité, tout à fait comme à l'état normal. Les intervalles entre chaque miction s'espaçaient progressivement à deux, trois, puis quatre heures; l'urine était expulsée la nuit à peine deux à trois fois, citrine, transparente, sans aucun dépôt muqueux ou salin. L'écoulement muco-puriforme, qui existait avant l'opération, diminua et finit par disparaître.

Au cinquième jour le malade se levait, il était alors supposable que les incisions étaient cicatrisées; au douzième jour, 21 octobre, il se trouvait si bien qu'il demanda sa sortie de l'hôpital. Je cherchai alors à vérifier le calibre de l'urèthre, et j'introduisis une sonde de gomme élastique de 7 millimètres d'épaisseur, à extrémité olivaire, en présence de mes collègues MM. les docteurs Carlos May Figueira, Joas Mendes Arnaut, Joachim Théotonio da Silva et Oliveira Soares, ainsi que de nombreux élèves qui avaient également assisté à l'opération : la sonde, bien que volumineuse, passa très-facilement à travers l'urèthre jusqu'à la vessie, preuve que le canal avait conservé la dilatation acquise par l'opération faite il y avait 12 jours, bien qu'il n'eût pas été conservé de sonde dans l'urèthre, comme le conseillent le Dr Déclat et beaucoup d'autres, ni même que la sonde n'eût pas été introduite momentanément tous les deux jours ainsi que plusieurs praticiens le recommandent. L'unique cathétérisme chez notre opéré fut celni que nous fîmes à l'instant même qui suivit les deux incisions à la seule fin de vérifier l'effet immédiat de l'opération.

Ne pouvant conserver l'opéré plus longtemps dans ma salle, je lui accordai sa sortie le 24 octobre, c'est-à-dire, au quinzième jour de l'opération, et je lui recommandai instamment de venir me trouver dès qu'il ressentirait la plus légère incommodité dans les voies urinaires.

Ainsi la manière, dont les choses se sont passées dans cette opération, indique que les plaies se cicatrisèrent, tout comme les solutions de continuité sous-cutanées ou non exposées à l'air, sans inflammation suppurative, et par conséquent sans tissu inodulaire, la surface traumatique se couvrant de lymphe plastique organisée ensuite en membrane muqueuse de nouvelle formation, lisse, fine et sans rétractilité.

Si nous avions employé les sondes, ces corps, en contact avec les plaies récentes, auraient non-seulement retardé à coup sûr la cicatrisation, mais encore provoqué une inflammation suppurative, et dès lors la cicatrice aurait été obtenue moyennant un tissu inodulaire naturellement rétractile et qui tôt ou tard devait reproduire la maladie.

Pour deux motifs, les praticiens conseillent l'introduction immédiate d'une grosse algalie en gomme élastique, aussitôt après l'urèthrotomie interne, pour maintenir écartés les bords de l'incision ou les incisions et conserver ainsi dilaté l'urèthre jusqu'à complète cicatrisation, — et pour empêcher que l'urine, passant sur la plaie, l'irrite ou s'infiltre dans les tissus fraîchement incisés.

Mais la structure de l'urèthre, constitué par des fibres contractiles circulaires, immédiatement au-dessous de la membrane muqueuse, c'est-à-dire, perpendiculaires à l'axe du canal, doit exempter de ce moyen qui ne peut, tout au contraire, que gêner la nouvelle union des bords de la plaie, d'autant plus que tout le tissu du rétrécissement est divisé : en effet, l'urèthre étant incisé longitudinalement, et ses fibres annulaires étant ainsi divisées, celles-ci, et à plus forte raison les bords qu'elles constituent, ont toute tendance par leur propre rétraction à s'écarter et ne doivent pas tendre à se rapprocher. Ce fait est prouvé par les expériences tentées sur les animaux par M. Reybard, et connu de tous ceux qui ont pratiqué la taille uréthrale sans qu'il s'en soit suivi de rétrécissement du canal.

Ce qui reproduit la coarctation uréthrale après l'uréthrotomie interne convenablement pratiquée, ne doit pas être alors le rapprochement des bords de la plaie, immédiatement après l'opération, par le fait d'un corps étranger qui s'y oppose. En outre de la structure de l'urèthre, du résultat des expériences sur les animaux, et de ce qui se passe après la taille périnéale, il y a contre cette opinion le fait qui a motivé le présent travail, fait dans lequel les bords des incisions uréthrales se sont cicatrisées d'elles-mêmes, sans le secours de sondes, isolément, de manière à conserver à ce canal le calibre qu'il avait acquis douze jours auparavant par l'uréthrotomie.

La reproduction des rétrécissements à la suite des incisions intra-uréthrales doit, au contraire, tenir à l'usage des sondes qui, provoquant la suppuration, déterminent le développement du tissu fibreux cicatriciel ou inodulaire qui est aussi rétractile que le tissu propre des rétrécissements organiques, surtout quand il devient, par quelque cause que ce soit, irrité ou enflammé.

D'un autre côté, la sonde de gomme élastique, introduite dans l'urèthre et plongeant dans la vessie, non-seulement peut plus ou moins dilacérer, irriter et enflammer la nouvelle solution de continuité, mais encore provoquer des accès fébriles, l'infection purulente ou la phlébite, en maintenant écartées les parois uréthrales ; au lieu d'empêcher, elle facilite le contact de l'urine avec la plaie, non pas d'une façon intermittente comme lorsque l'opéré exerce la miction sans le secours d'une sonde, mais à tout instant, par la facilité avec laquelle se fait l'insinuation goutte à goutte de l'urine entre les parois de l'urèthre et la surface extérieure de la sonde, ainsi qu'on le constate toujours lorsque l'on conserve cet instrument dans l'urèthre et la vessie.

Bien plus : la solution de continuité, régulière et sans dilacérations, comme l'est la plaie longitudinale de l'urèthre, faite non pas à sa partie inférieure où il est le plus vasculaire et où le tissu caverneux de la portion spongieuse est beaucoup plus abondant, mais bien dans les parties supérieures et latérales, et sans atteindre la profondeur qui la rapproche du tissu cellulaire extérieur, comme elle se pratique par le procédé de Reybard, cette solution permet le passage de l'urine sans irritation notable, sans dangers d'infiltration, parce que pour s'opposer à ces accidents il y a d'abord le sang qui se coagule en couches sur la plaie, puis bientôt une couche de lymphe plastique qui, à l'instar d'une sorte de vernis protecteur, couvre toute la surface de la solution de continuité pour se convertir plus tard en une membrane muqueuse de nouvelle formation, fine, élastique et non rétractile.

Chez le malade dont j'ai rapporté l'histoire, les choses se passèrent de façon à justifier le procédé que j'avais adopté et à appuyer les considérations qui précèdent. Or, quand même ce procédé opératoire ne pourrait pas entraîner la cure radicale des rétrécissements organiques de l'urèthre, ou ne donnerait aucun résultat assuré, il devrait encore être préféré à la dilatation, en beaucoup de cas, pour la facilité, la promptitude et la simplicité avec lesquelles il rend le canal à son calibre physiologique.

Ce premier essai était des plus encourageant et devait disposer mes confrères à me suivre dans la voie que j'avais indiquée, et dans laquelle il me semble trouver un progrès pour le traitement des rétrécissements organiques de l'urèthre dans notre pays.

J'espérais appliquer bientôt le même procédé opératoire chez quelques malades atteints de rétrécissements fibreux de l'urèthre réfractaires à la dilatation. Dans le nombre se trouvait le nommé Ch...., chez qui j'avais fait une seule incision supérieure et qui, bien que notablement amélioré, n'était pas encore rétabli comme il convient.

Quand j'aurai réuni un certain nombre de faits, j'aurai soin de donner, sur chacun d'eux, une notice plus complète que celle qui précède et dans laquelle j'avais eu surtout pour but d'indiquer le premier fait d'uréthrotomie interne pratiqué à Lisbonne (à l'exception de celui de M. le docteur Déclat), et d'appeler sur cette opération l'attention de mes confrères, en vue des innovations avantageuses qui me paraissent s'y rattacher.

Pour conclure, je dirai que tout en rapportant ce fait clinique, je ne pense cependant pas que la méthode de dilatation doive être entièrement remplacée par l'uréthrotomie interne. J'entends, au contraire, que la majeure partie des rétrécissements organiques doit être traitée par la dilatation progressive, réservant les incisions internes pour les cas de maladie réfractaires à cette méthode ou pour ceux dans lesquels la dilatation est difficile, lente dans son application et ses résultats.

Je crois devoir joindre au fait d'uréthrotomie interne, rapporté dans la note précédente, un autre cas non moins précieux, parce qu'il me paraît confirmer de tous points les assertions que j'avais émises.

J'ai pratiqué cette seconde opération le 11 du mois suivant, devant de nombreux confrères parmi lesquels j'ai eu l'honneur et la satisfaction de compter le savant président de l'Académie, le docteur Bernardino-Antonio Gomès, et en présence des étudiants de dernière année du cours médico-chirurgical.

L'opéré, Henrique dos S...., 26 ans, bonne constitution, entra dans mes salles le 2 de ce mois, avec un rétrécissement uréthral considérable dont il souffrait depuis cinq mois. Comme maladies antérieures qui influèrent directement sur son affection actuelle, il eut deux blennorrhagies : la première il y a 2 ans 1/2, la seconde, il y a un peu plus de 6 mois ; à la suite de cette dernière, l'urèthre déjà rétréci, se coarcta beaucoup plus. Depuis ce moment, en effet, il urinait avec une extrême difficulté, goutte à goutte, à intervalles de 3 à 5 minutes, parfois de 15 minutes. La sortie de l'urine était aussi accompagnée, le jour, de ténesmes répétés. La nuit, l'excrétion se faisait d'une manière incessante, nonobstant le sommeil, et même sans que le malade en eût conscience.

Aucun écoulement n'avait lieu par l'urèthre, mais après les explorations qu'il était devenu nécessaire de faire, il se manifesta au méat urinaire une certaine humidité muco-puriforme. Les urines, que l'on put conserver pour être observées, étaient claires, mais déposaient un peu de sédiment mucoso-salin.

L'exploration de l'urèthre, avec une bougie de gomme élastique de 2 millimètres d'épaisseur, permit de reconnaître d'une manière très-évidente la valvule naviculaire ou de Guérin, qui cessait d'être rencontrée quand, retirant l'instrument explorateur, on le réintroduisait en dirigeant son extrémité contre la paroi inférieure de l'urèthre. La sonde poursuivant alors en arrière, rencontrait un rétrécissement uréthral à 104 millimètres du méat urinaire, c'est-à-dire, à la partie postérieure de la région spongieuse de l'uréthre. Avec l'extrémité d'une sonde un peu plus étroite, j'arrivai à pénétrer le rétrécissement, mais je ne pus l'outre-passer, l'instrument explorateur restait avec ténacité dans la coarctation en raison du tissu élastique qui constituait celle-ci et empêchait la sonde d'en être facilement extraite.

J'invitai plusieurs confrères à tenter la même exploration, le résultat fut le même. En répétant mon premier essai à plus de trois reprises, la dernière seule, qui eut lieu le soir de l'opération, me permit de reconnaître que la bougie passait le premier rétrécissement, puis en rencontrait un autre infranchissable, à 2 centimètres plus en arrière. Je ne parvins à les traverser en arrière jusqu'à la vessie, qu'au moyen des bougies conductrices de Maisonneuve, presque capillaires à leur extrémité vésicale, de 1 à 1 millimètre 1/2 dans le reste de leur longueur : grâce à elles je pus ensuite passer le cathéter conducteur plus étroit.

Trouvant là une excellente application pour l'uréthrotomie interne, dont il importait de vérifier la valeur et l'importance, je me décidai à cette opération le 11 novembre.

Pour que tout le monde pût parfaitement reconnaître le degré du rétrécissement uréthral, je pris soin de m'abstenir moi-même de l'exploration préparatoire à l'opération, et je priai mon collègue de l'Ecole, M. Ribeiro Vianna, professeur de médecine opératoire, de m'assister pour la pratiquer ; après avoir également rencontré la valvule de Guérin, il ne parvint pas non plus à traverser le rétrécissement avec une bougie de 2 millimètres qui resta, comme dans les autres tentatives, retenue dans la partie rétrécie de l'urèthre.

Je procédai alors à l'uréthrotomie à l'aide des instruments les plus minces de Maisonneuve, suivant la manière que j'ai décrite plus haut ; je terminai, cette fois aussi, par trois incisions, supérieure et latérales.

L'opération terminée fut suivie d'un peu plus de sang que dans la précédente ; puis j'introduisis, à la place des instruments, une grosse bougie de gomme élastique avec extrémité olivaire, de 7 millimètres d'épaisseur, et tous les assistants furent témoins qu'elle arriva avec la plus grande facilité jusqu'à la vessie.

Comme chez mon premier opéré, je ne conservai ni n'introduisis jamais plus de sonde, pour les raisons déduites ailleurs ; et je répète que je considère cette pratique comme extrêmement importante.

Les effets immédiats de cette seconde opération ne différèrent pas beaucoup de ceux observés dans la première. L'urine devint très-sanguinolente aussitôt après l'opération, et continua à l'être tout le soir et toute la nuit, avec un jet suffisamment gros et rapide, à des intervalles de une à trois heures, accompagné d'ardeur plus sensible la nuit et rapportée seulement au siége des rétrécissements qui correspondait à la partie centrale du scrotum. Vers les trois heures du soir, le malade sentit un peu de froid, suivi d'une grande chaleur et d'une soif intense qui se terminèrent par de la sueur vers le milieu de la nuit.

A ma visite du 12, vingt-quatre heures après l'opération, l'état du malade était très-satisfaisant : jet d'urine suffisamment volumineux ; urines légèrement colorées, mais sans apparence de sang, avec léger dépôt catarrhal, et avec cet aspect depuis le matin ; aucun engorgement ou signe d'inflammation dans le trajet de l'urèthre ; pas le plus petit indice d'infiltration veineuse ou sanguine ; pouls à 76 ; chaleur naturelle de la peau ; appétit. Il existait seulement quelque sensibilité non spontanée, mais provoquée par la pression, dans la partie de l'urèthre correspondante à la région moyenne du scrotum et une certaine humidité au méat urinaire, constituée par une sérosité rosée. Point de soif.

Le 13, à 6 heures 1/2 du matin, après s'être trouvé fort bien jusque là, il eut une forte érection qui fut suivie de l'émission d'un peu de sang par l'urèthre, et les urines furent sanguinolentes jusqu'à trois heures après midi ; mais aucun de ces accidents, ni l'excitation vénérienne, ni l'hémorrhagie, ne réapparurent grâce à l'usage des pilules camphrées-opiacées et de la limonade sulfurique. Depuis lors, il alla de mieux en mieux ; au sixième jour, il était sur pied, le jet de l'urine naturellement volumineux, lancé sans la moindre incommodité et à des intervalles de trois à cinq heures ; urine claire et citrine, déposant encore un peu de matière catarrhale ; pas le moindre écoulement par l'urèthre ; la pression le long de ce canal ne suscite déjà aucune sensation douloureuse ; l'opéré, qui se sentait très-bien, entrevoyait sa sortie de l'hôpital dans quelques jours.

Comme je l'avais fait à l'égard du premier opéré qui, d'après les derniers renseignements, est dans le meilleur état, je n'ai pas manqué de recommander au second de me faire savoir ultérieurement l'état de son urèthre.

En effet, à dater du sixième jour de l'opération, il se trouvait en parfait état comme le constatèrent divers confrères ; il urinait à des intervalles de quatre et six heures un liquide très-limpide et normal.

Le douzième jour de l'opération, je sondai l'urèthre pour vérifier son calibre avec la même bougie que j'avais introduite aussitôt après l'opération, et cette fois elle traversa le canal jusqu'à la vessie avec une grande facilité.

Le malade insistant pour sortir de l'hôpital en raison de son complet rétablissement, je lui donnai son exeat trois jours après.

Ce nouveau fait doit contribuer à établir la convenance de l'uréthrotomie interne par le procédé qne j'ai suivi, dans les cas de rétrécissements considérables de l'urèthre.

M. le professeur Barbosa a publié le précédent mémoire en 1864 : son œuvre n'a rien perdu de son actualité ni de son importance. En m'autorisant à en donner la traduction française, ce savant confrère m'a fait l'honneur de m'adresser les lignes suivantes qui sont le complément historique de son travail et de sa pratique jusqu'à ce jour (31 août 1873).   Dr E. B.

« Une pratique plus étendue a quelque peu modifié ma première opinion de ne jamais laisser dans la vessie et l'urèthre la sonde ou bougie élastique, d'une façon permanente, après les incisions intra-uréthrales. En effet, quand les rétrécissements sont très-étendus et très-denses, quand la membrane musculeuse du canal est entièrement atteinte et a subi la dégénérescence fibreuse, et surtout dans les cas de fistule urinaire, je maintiens dans l'urèthre une bougie élastique anglaise (de Weiss) de gros calibre, ordinairement n° 12 ou 13, pendant les huit premiers jours, ayant soin de la changer toutes les vingt-quatre ou quarante-huit heures. Au bout des huit jours, je passe à l'introduction de grosses sondes, généralement des sondes en étain, tous les deux à trois jours, éloignant de plus en plus leur application qui ne dépasse guère un quart d'heure à une demi-heure. Puis après deux mois de ce traitement, je conseille aux malades de se sonder une fois par semaine, ensuite tous les quinze jours ou tous les trente jours, avec la même sonde d'étain ou une bougie élastique de même calibre, maintenue pendant quinze minutes, afin de reconnaître si le canal a conservé la capacité que lui avait donnée l'opération. Il y a des rétrécissements, malheureusement en petit nombre, dans lesquels de simples incisions uréthrales sont suffisantes pour une guérison radicale, parce que la dégénérescence fibreuse n'a pas atteint les fibres contractiles circulaires du canal.

» Les opérations d'uréthrotomie interne, pratiquées par moi jusqu'à ce jour, y comprises celles qui sont détaillées dans le précédent mémoire, atteignent le chiffre de 61. Dans ce nombre, il y a 3 morts dont une ne saurait être attribuée à l'intervention chirurgicale. La première terminaison fatale eut lieu chez mon vingtième opéré, en mai 1865 : le malade, âgé de 39 ans, souffrait depuis six ans de rétrécissements de la région bulbeuse, à 7 centimètres du méat uréthral, et qui se prolongeaient en arrière dans une étendue de 3 à 4 centimètres. Il existait en outre un catarrhe vésical très-intense depuis deux ans, plus une fistule urinaire à la région antérieure et moyenne du périnée, par laquelle s'écoulait une grande partie de l'urine au moment de l'émission. Je suivis le procédé de Maisonneuve ; mais, ne pouvant faire parvenir à la vessie le cathéter conducteur de ce chirurgien, je me servis d'un cathéter tout aussi fin, mais creusé en gouttière et terminé par une extrémité arrondie (et non plus en vis). C'est là, à mon avis, un instrument fort utile quand on a affaire à des rétrécissements qui ne permettent point le passage de la bougie conductrice en raison de son extrême flexibilité et de son peu de résistance. J'en avais fait construire un spécimen pour un malade que j'opérai en mars 1865. Sitôt après l'introduction de mon cathéter-conducteur, je pratiquai, selon mon habitude, trois incisions (supérieure et latérales), et j'introduisis immédiatement une grosse sonde élastique qui donna passage à de l'urine sanguinolente, comme cela arrive souvent. Mais l'opéré éprouva bientôt des envies très-fréquentes d'uriner sans pouvoir les satisfaire, et l'interne de mon service tenta le cathétérisme d'abord, mais sans succès, avec une sonde d'argent, puis, et cette fois avec succès, au moyen d'une bougie élastique anglaise qui laissa sortir une urine sanglante. Malheureusement la vessie se remplit à nouveau de sang qui, se prenant en caillots, ne put être amené par les sondes, et le malade mourut de cysto-péritonite et d'urémie quarante-deux heures après l'opération. L'autopsie démontra que les rétrécissements étaient parfaitement incisés, qu'une fausse route existait au-dessous de la muqueuse du côté gauche du vérumontanum, de 6 centimètres de long, enfin, que du côté droit une excavation ou caverne occupait la moitié correspondante de la prostate et contenait du sang et des calculs. Je crus pouvoir affirmer que ce malade aurait guéri si j'avais laissé en permanence une bougie élastique dans la vessie et dans l'urèthre, précaution que je ne prenais pas jusqu'alors. Aussi ce fait attira mon attention sur les avantages à agir de la sorte dans des cas analogues.

» Le deuxième mort fut mon cinquante-septième opéré, âgé de 30 ans, porteur d'un rétrécissement uréthral à la partie postérieure de la région membraneuse, d'un catarrhe vésical et d'un abcès urineux au périnée. Il ne fit pas non plus usage permanent de la sonde dans l'urèthre et la vessie, et mourut, au quatorzième jour de l'opération, d'une infection purulente avec abcès multiples à la prostate, pleuro-pneumonie double et phlegmon du côté droit de la poitrine.

» Le troisième cas de mort ne doit pas être, à mon avis, attribué à l'uré-

throtomie. Le sujet, 59 ans, faible constitution, avait des rétrécissements uréthraux depuis vingt ans, une fistule urinaire au périnée depuis dix-huit ans,
et plusieurs rétentions d'urine dont l'une avait nécessité, en Afrique occiden-
tale (à Loanda), la perforation de la vessie par le rectum ; enfin, un catarrhe
vésical très-ancien, un état cachectique ancien et très-prononcé. Peu de temps
avant d'entrer dans la salle Saint-Antoine de mon service à l'hôpital Saint-
Joseph, ce malade avait eu une nouvelle rétention d'urine avec abcès urineux
dans le scrotum et paraphimosis. Ce fut dans ces déplorables conditions
qu'après l'ouverture de l'abcès je dus pratiquer l'uréthrotomie pour combattre
l'ischurie, ayant soin toutefois de laisser en permanence une bougie élastique
anglaise par laquelle on faisait parvenir à la vessie des injections phéniquées.
Mort au neuvième jour de l'opération, avec les symptômes de l'infection
urémique.

» Même en mettant sur le compte de l'uréthrotomie interne ces 3 cas de
mort sur 61 opérations, nous aurions une perte de 1 sur 20, 33. Mais en reje-
tant à part, ce qui me paraît juste et convenable, le troisième des opérés qui
ont succombé, il reste la proportion de 1 sur 30, résultat évidemment fort
avantageux, car beaucoup de nos malades avaient des rétrécissements très-
anciens, fort étendus, quelquefois multiples, compliqués de catarrhes vésicaux
de vieille date, des abcès et fistules urinaires parfois au nombre de 5.

» Chez trois malades, les rétrécissements se sont reproduits plus ou moins
longtemps après l'opération, parce que les patients négligeaient d'introduire
la sonde comme je le leur avais cependant bien recommandé. Mais dans ces
3 cas, la dilatation progressive ou une simple incision des rétrécissements ont
suffi pour parfaire la guérison.

» Dès janvier 1866, lorsque j'employais les instruments du docteur Holt
(de Londres) pour la dilatation forcée et instantanée de l'urèthre, j'ai obtenu sur 23 malades les résultats suivants: guéris 19 ; améliorés 1 ; morts 3 ;
ce qui donnerait une forte mortalité de 1 sur 7, 66. Deux des trois morts sur-
vinrent alors que, suivant l'avis du chirurgien anglais, je ne laissais pas de
bougie en permanence dans le canal de la vessie après l'opération, et me bor-
nais à ne l'introduire qu'à la fin du deuxième jour. Aussi, dès que j'ai pris soin
de placer l'algalie sitôt après l'uréthrotomie, les résultats n'ont point cessé
d'être des plus satisfaisants. »

Bruxelles. — Imprimerie de H. MANCEAUX.

www.ingramcontent.com/pod-product-compliance
Lightning Source LLC
Chambersburg PA
CBHW061854080726
47597CB00010BA/4187